免疫力 UP!

鹽 漬 檸 檬

萬能調味料活用食譜
強勢回歸

塩レモンのチカラ: きれいと健康をつくる!

坂口MOTOKO —著　　許郁文—譯

Salted Lemon

萬能調味料強勢回歸，
「鹽漬檸檬」居然如此厲害！

過去提及檸檬，大部分的人都覺得它是配角，或是榨汁用的水果吧。

其實在很久以前，

中東與法國就將鹽漬的檸檬整顆應用在料理上。

以鹽醃漬的檸檬可為料理增添清新的滋味與香氣，

而從這個想法誕生的正是本書介紹的「鹽漬檸檬」。

鹽漬檸檬的製作方法雖然簡單，但是使用之後的效果卻十分驚人，

而且與各種料理都很合拍！

不管是西式的菜色還是異國料理，就連日本料理也沒問題。

最近許多研究也發現，檸檬蘊藏著許多能守護大家健康，

讓每個人容光煥發的美妙功效。

我們沒道理不好好地利用一番吧！

本書以超人氣的鹽漬檸檬為主題，

集結各種相關的製作方法，

以及讓大家吃得美味、做得快樂的食譜。

Contents

進一步活用！

鹽漬檸檬的美味創意

各種有關檸檬的實用祕技／10 月 5 日是檸檬之日／全世界的檸檬飲食文化／檸檬來自何處？／漂洋過海的檸檬／廣島縣的檸檬生產／日本國產檸檬的季節在何時？／日本國產檸檬的品種

本書的規則

· 1 小匙為 5ml、1 大匙為 15ml、1 杯為 200ml。

· 微波爐皆使用 500W 規格的產品，若您使用 600W 請將加熱時間縮短為 0.8 倍。此外，烤麵包機使用的是 1300W 的產品。機種與使用年數都將影響結果，請視情況調整時間。

· 「鹽漬檸檬」基本上切成圓片或梳子狀。本書的材料表將記載容易使用的形狀。

只要手邊有檸檬與粗鹽就一切 OK！

一起做「鹽漬檸檬」吧！

近來被視為是一種全新調味料的鹽漬檸檬只要有檸檬與鹽就能自行製作，而這種能簡單自製的特性也是鹽漬檸檬的魅力之一。將檸檬切成圓片再撒上鹽，之後只需要等待時間的醞釀，就能製作出美味的鹽漬檸檬了！這道隨時能讓料理美味升級的鹽漬檸檬，請大家趕快動手試做看看吧！

準備材料

檸檬（表面無蠟的黃檸檬）
　…3 顆（約 300 公克）
粗鹽…檸檬重量（淨重）的 30%（約 80 公克）

○ 檸檬大小事

鹽漬檸檬有時會連皮一同入菜，所以最好挑選表面無蠟的黃檸檬。本書使用的是單顆約 100 公克的大小。

○ 粗鹽一二三

推薦使用的並非精製鹽，而是略帶溼氣，鹽味圓潤的粗鹽或天然鹽。請在選購時先檢視成分表，選擇含有少量礦物質的鹽。

將檸檬洗乾淨，再以廚房紙巾擦乾水氣。

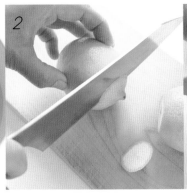

將檸檬的兩端切掉。

接著將單顆檸檬切成 8 片等寬的圓片。

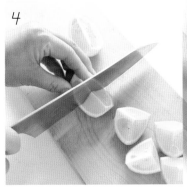

將其餘 2 顆檸檬垂直切成 4 等分的梳子狀，然後再對切成兩半。

(Point) 為了能在各種料理派上用場，才將檸檬切成 2 種形狀。

將 3、4 的檸檬放入盆子裡，撒上粗鹽後仔細拌勻。

(Point) 為了讓檸檬汁與鹽能快點融合，此時的拌勻是否徹底將是關鍵！

將檸檬換到乾淨的保鮮容器裡，放進冰箱冷藏 1 週，靜待醃漬完成。

在為期 1 週的醃漬裡，偶爾可以上下翻拌，讓每一塊檸檬都能均勻地沾附檸檬汁。

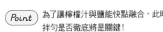

經過 1 週後，檸檬的外皮若變軟，同時分泌大量的黏滑液體，就代表大功告成了！再等一段時間，檸檬的酸味與苦味會變得更加柔和。

○ 保鮮容器的選擇

鹽漬檸檬的容器一定要經過煮沸消毒與徹底乾燥的步驟才能使用。本書選用的是耐酸防臭的琺瑯材質容器，但使用玻璃瓶或拉鏈袋也無大礙。若冷藏保存，最好能在 3 個月內用完。

果肉與汁液，兩種都實用！
依料理的種類使用吧！

鹽漬檸檬可分成兩個部分，其一是因鹽而分泌的檸檬汁，這種鹽漬檸檬汁會慢慢熟成，
而且含有鹹味，其二則是洋溢著香氣與美味的果肉部分。
請大家視不同的料理使用，盡情地品嚐鹽漬檸檬的美味吧！

鹽漬檸檬汁

可均勻沾附食材，也能與其他調味料
融合。適合用來醃漬肉品與魚肉或製
作綜合調味料與淋醬。

鹽漬檸檬（圖片切、梳子切）

鹽漬檸檬的果肉可加入湯汁與調味液中增添風味，也可切成細
絲為料理畫龍點睛。圖片或是梳子狀的鹽漬檸檬都很好用，可
視情況或成品的需求使用。

---

2 Months After

慢慢熟成之後……

鹽漬檸檬在醃漬超過1週後就能使用，
但若放置更久，鹽漬檸檬將愈加熟成，
外皮將變得黏滑柔軟，而香氣與鹹味也
將變得溫潤親和（圖中的鹽漬檸檬為醃
漬2個月的成品）

最先挑戰的 3 道食譜

鹽漬檸檬完成後，應該先從這 3 道食譜開始挑戰！
光是用鹽漬檸檬代替鹽與醬油，就能嚐到前所未有的新滋味。

隱約的檸檬香氣沁人心脾
其殺菌效果也很適合製作成便當

鹽漬檸檬御飯糰

鹽漬檸檬汁可代替御飯糰使用的鹽，1 小顆
御飯糰大概只需配上 1 小匙鹽漬檸檬汁。將
¼ 顆量的鹽漬檸檬切成碎末之後，拌入飯裡
也很美味。品嚐之際將聞到另一股明顯的檸
檬風味。

啤酒良伴
光是表面均勻沾附鹽漬檸檬汁，
就成了一道香氣誘人的下酒菜

鹽漬檸檬拌水煮毛豆

100 公克豆筴未脫的毛豆經過鹽水汆燙後，
在成品淋上鹽漬檸檬汁即可。由於鹽漬檸檬
汁是液體，鹽味將均勻地沾附在毛豆表面，
而清新的香氣將是夏夜晚酌的最佳下酒菜。

葡萄酒也對味！
不甘於平凡的新鮮滋味

鹽漬檸檬豆腐

這道菜只需要先準備 ½ 塊冷藏過後的豆
腐，接著將 ¼ 塊切成碎末的鹽漬檸檬置於
豆腐表面，再淋上 ½ 小匙的鹽漬檸檬汁，
就是一道與葡萄酒也十分搭配的小菜。如果
能再淋點橄欖油，那更是人間美味喔！

樣樣都厲害！
⑮個鹽漬檸檬的效果

鹽漬檸檬的清爽香氣與圓潤的鹹味與酸味，將讓每一道料理的美味大幅升級。不僅如此，鹽漬檸檬還擁有各式各樣的調味特性以及兼顧美容與健康的力量喔！

美味升級效果
More Tasty

01 讓肉品變得柔軟

檸檬的酸扮演了分解肉品內部蛋白質的酵素角色。當蛋白質轉換成酸性，將提升肉品的保水度，讓其保有溼潤的口感。

02 去除魚腥味

將檸檬當成魚類料理的醃料或調味料使用，魚肉的腥味將被檸檬清爽的香氣掩蓋，讓原有的美味更加突出。

03 賦予料理清新的滋味

油膩的料理也能因鹽漬檸檬恰到好處的酸味變得清新。放入燉煮類料理慢慢加熱時，鹽漬檸檬的酸味會被淡化，同時為料理增添美妙的餘韻。

04 日式、西式與中式，無一不適合

提到檸檬，很容易聯想到西式料理，但其實檸檬屬於柑橘類食材，與柚子、酸橘一樣都能輕易地與日式料理搭配。也能讓中式料理或異國料理的滋味變得清爽！

05 輕鬆地讓香氣與美味升級！

請試著以鹽漬檸檬代替料理所使用的鹽吧。料理的香氣將顯得更有層次，濃度適中的酸味也將使素材本身的美味更被突顯。

06 可預防蔬菜變色

檸檬的檸檬酸可避免蔬菜被氧化而褐變，能使蔬菜常保鮮綠。

07 可殺菌與防腐

檸檬的檸檬酸也有殺菌與防腐的效果，所以很適合當成便當菜的調味料使用。

08 可用來製作點心

最近在日本極受歡迎的「薄鹽口味」點心也常使用鹽漬檸檬這種調味料，可營造出隱約的成熟甜味。

健康 & 美白效果

Health and Beauty

09 整顆檸檬
都有營養

檸檬常用於料理的調味，也常製作成果汁，
但其實檸檬的外皮含有大量的營養，如果做
成整顆都能食用的鹽漬檸檬，就能完整地攝
取檸檬所有的養分。

10 有助消除疲勞
與解毒

檸檬的檸檬酸可分解乳酸這類造成疲勞的物
質，可讓人體從疲勞裡解放，而檸檬的維他
命 C 能幫助肝臟發揮原有的功能，達到解毒
的目的。

11 有助預防代謝症候群

已有研究成果指出，檸檬的檸檬多酚
（Eriocitrin）可降低血液裡的三酸甘油脂濃
度，但重點在於不間斷地攝取。

12 有利糖分代謝

檸檬酸能讓糖分迅速轉換成能量，因此能有
效抑制血糖值的急速上升。

13 富含維他命 C

檸檬的維他命 C 含量在柑橘類的水果中首屈
一指，做成連皮都可食用的鹽漬檸檬將能更
有效率地攝取維他命 C。

14 清幽的香氣
令人放鬆

檸檬的清新香氣成分 —— 檸檬油精
（limonene）與檸檬油醛（citral）可消除
腦部的疲勞，達到放鬆精神的效果。

15 有了酸味
就能少放鹽？

鹽漬檸檬雖然含有鹽分，但是拜檸檬本身的
香氣與美味成分所賜，只要加一點點就能讓
料理變得美味！就結果而言，等於抑制了鹽
分的攝取量。

Salt Lemon

兼顧美麗與健康的強心針！

檸檬的營養

檸檬除了維他命之外，還含有許多兼顧美容與健康的營養成分。
如果做成連皮都能吃的鹽漬檸檬，就能更有效率地攝取檸檬的養分。

Lemon Power | **維他命 C**

維他命 C 能抑制皺紋與黑色素的形成。而且，能讓肌膚維持 Q 彈的膠原蛋白也需要維他命 C 才能合成。此外，維他命 C 還擁有優異的抗氧化、抗老作用，並有助於鐵質的吸收，也能預防貧血。由於是水溶性的物質，希望大家都能每天持續地吸收喔。

Lemon Power | **檸檬酸**

能抑制疲勞物質——乳酸的形成，對解除疲勞非常有幫助，同時也具備促進鈣質這類礦物質吸收的螯合作用（chelate）。此外還具有讓血液變得清澈、紓解手腳冰冷的功效，也能促進唾液與胃液分泌，產生增進食慾的效果。

Lemon Power | **檸檬多酚**

檸檬皮富含類黃酮（多酚化合物的一種），而這項物質又含有檸檬多酚，能有效防止氧化與抗老，更能抑制脂肪屯積。同時有研究指出，檸檬多酚能有效預防生活習慣病。

Lemon Power | **檸檬黃素**

檸檬黃素（Hesperidin）與檸檬多酚一樣，都是儲存於檸檬外皮的多酚化合物，同樣擁有顯著的抗氧化效果，也能讓微血管變得強韌與改善末梢冰冷的問題，此外還能降低血壓。對於過敏反應引起的發炎現象也能有所抑制，被認為能有效預防花粉症的發作。

Lemon Power | **果膠**

果膠（Pectin）是一種水溶性的膳食纖維，能預防便秘並整腸，讓肌膚變得更晶瑩剔透，還能抑制膽固醇的吸收，同時能防止血糖值急速上升，有效預防生活習慣病的形成。檸檬的外皮亦含有大量的果膠。

Lemon Power | **檸檬油精**

檸檬油精除了能散發令人放鬆的精油香味，還能刺激交感神經，讓腦袋變得清明，也有增進食慾的效果，同時能促進血液循環，加速新陳代謝的效率。對於提升免疫力，打造不易生病的體質也很有助益喔。

鹽漬檸檬的
最強食譜

料理不僅要講究美味，更該追求健康！

鹽漬檸檬絕對是每天都能安心使用的調味料。

只要手邊備有鹽漬檸檬，料理的調味料與步驟簡單一點也 ok。

接下來要介紹各種實用又簡單的創意，

讓配飯的菜色、便當菜與點心都變得美味可口喔！

○ 檸檬切片的重量會因檸檬本身顆粒大小而改變，所以鹽量也會跟著有所增減，因此書中使用的鹽漬檸檬分量只是約略的標準，請各位讀者視情況自行酌量調整。

○ 為了美觀與使用上的方便性，才將鹽漬檸檬分成圓片與梳子切的，不過各位讀者仍可視個人喜好自行決定。

Salt Lemon + Meat

鹽漬檸檬＋肉

肉類的料理能藉著鹽漬檸檬的力量，讓餘韻變得爽口。

而胸肉與里脊肉也能因為鹽漬檸檬變得柔軟多汁。

就連大受歡迎的炸雞都能因為鹽漬檸檬而被賦予嶄新的滋味！

與滋味濃醇的蜂蜜搭配，將可充分勾出豬肉的甜美。
收尾用的醬油可讓這道菜成為白飯的最佳搭擋。

鹽漬檸檬
蜂蜜煎豬肉

○ **材料**（2 人份）

里脊豬排肉…2 塊

A | 蜂蜜…2 大匙
　　鹽漬檸檬汁…2 小匙

鹽漬檸檬（梳子切）…1 塊

醬油…1 大匙

油…1 大匙

○ **作法**

1　將 A 淋在豬肉上靜置 30 分鐘。

2　加熱平底鍋裡的油，將步驟 1 的豬肉煎至兩
　　面變色。加入切成細絲的鹽漬檸檬，然後再淋
　　上一圈醬油即可。

魚露與檸檬是非常對味的兩種食材，可為料理增添清爽的鮮味。
雞胸肉也能因為鹽漬檸檬而變得軟嫩多汁。

亞洲風檸檬煎雞肉

○ 材料（2人份）

雞胸肉…1 大塊（300 公克）

洋蔥…½ 顆

甜椒（黃）…½ 顆

鹽漬檸檬汁…1 大匙

A
| 大蒜（薄片）…½ 片量
| 紅辣椒（切成小段）…1 根量

B
| 魚露…1 大匙
| 砂糖…2 小匙
| 胡椒…少許
| 鹽漬檸檬末…½ 塊量

油…1 大匙

香菜（或是鴨兒芹、芹菜）…適量

○ 作法

1 將雞肉切成一口大小，均勻抹上
鹽漬檸檬汁。洋蔥切成寬度 7 ～
8mm 的片狀，甜椒切成薄片。

2 以小火加熱平底鍋裡的油，再將食
材 A 放入鍋裡，炒至香味溢出後，
轉成中火，依序放入洋蔥、雞肉與
甜椒，徹底炒熟後，倒入食材 B 調
味。盛盤後，在一旁擺上香菜即可
上桌。

一口咬下現炸雞塊，檸檬的風味立即傾洩而出。
麵衣誘人的香氣，讓人忍不住一塊接著一塊！

鹽漬檸檬炸雞塊

○ **材料**（2人份）

雞腿肉…2 塊

A
> 鹽漬檸檬汁…1 又 ½ 大匙
> 酒…2 小匙
> 胡椒…少許
> 鹽漬檸檬末…1 塊量

太白粉、炸油…各適量

小黃瓜…1 根

鹽漬檸檬末…少許

○ 作法

1　將雞肉切成一口大小，均勻抹上食材 A，靜置 10 分鐘後，撒上太白粉。

2　用擀麵棍將小黃瓜拍成一口大小的碎塊，再撒上鹽漬檸檬末。

3　將炸油加熱至中溫（約 170℃），將步驟 1 炸至金黃酥脆。盛盤後，將步驟 2 的小黃瓜擺在一旁即可。

在由肉與蔬菜熬煮而成的湯汁裡，鹽漬檸檬的風味隱約浮現。
一個鍋子就能完成的簡單大菜！

鹽漬檸檬風味　疊煮豬肉番茄

○ 材料（2人份）

豬梅花肉片…300 公克

番茄…大型 2 顆

洋蔥…2 顆

青椒…2 顆

胡椒…少許

橄欖油…1 大匙

麵粉…3 大匙

A

水…1 又 ½ 杯

鹽漬檸檬（梳子狀）…2 塊

高湯塊…1 塊

月桂葉…1 片

○ 作法

1 在豬肉撒上胡椒。番茄切成 1 公分厚的圓片，洋蔥則切成 7～8mm 寬的片狀。青椒切成細絲。

2 取一只鍋壁厚實的鍋子，在鍋裡淋上一層薄薄的橄欖油，然後將 ⅓ 量的豬肉鋪在鍋底。撒上 1 大匙的麵粉後，再依序將 ⅓ 量的洋蔥、青椒與番茄層層鋪疊。之後重覆 2 次這種豬肉與蔬菜的重疊方式。

3 將食材 A 倒入鍋裡，蓋上鍋蓋以中火悶煮 15～20 分鐘即可。

醃料與醬汁，
都蘊涵著鹽漬檸檬的美味。

檸檬起司炸豬排

○ **材 料**（2人份）

豬腰內肉塊…300 公克

市售起司片…1 公分厚 2 片

鹽漬檸檬汁…2 小匙

胡椒…少許

麵粉、蛋液、麵包粉、油

　…各適量

義大利檸檬醬汁（→參考 P67）

　…適量

○ 作法

1　將豬肉縱切成兩半，並橫剖劃出一
　道較深的刀口後，將豬肉攤開，並
　在表面包覆一層保鮮膜，用擀麵棍
　將豬肉拍扁至能包入起司的大小。

2　在步驟 1 的豬肉撒上胡椒，並均勻
　沾附鹽漬檸檬汁。將起司放在豬肉
　片上，再將豬肉對折並輕輕地壓緊
　邊緣。最後依序沾裹麵粉、蛋液與
　麵包粉製作麵衣。

3　在平底鍋裡倒入足夠的油量加熱，
　再將步驟 2 放入鍋中炸熟。盛盤後，
　淋上義大利檸檬醬汁即可。

清爽的淋醬可勾勒出牛肉的鮮甜。這絕對是一道宴客也不失禮的佳餚喔。

清爽牛肉片

○ 材料（2人份）

牛腿肉塊（靜置回到室溫）…300 公克

胡椒…少許

洋蔥…½ 顆

A
水…½ 杯
沾麵露（3 倍濃縮）…¼ 杯
油…2 大匙
鹽漬檸檬汁…1 大匙
醋…1 大匙
鹽漬檸檬（圓片或梳子狀）…2 塊
大蒜（拍碎）…1 片

萵苣、胡蘿蔔（兩者皆切成細絲）…各適量

○ 作法

1 在牛肉上撒胡椒。洋蔥切成薄片。

2 在平底鍋裡倒入少許油加熱（非準備食材），再放入牛肉煎至表面變色。

3 將食材 A 與洋蔥放入夾鏈袋裡拌勻，再放入步驟 2 的牛肉密封，接著連同夾鏈袋放入冷藏庫靜置一晚。將牛肉切成薄片後，連同醃汁裡的洋蔥、萵苣與胡蘿蔔一同盛盤。最後淋上適量的醃汁即可。

醬汁與番茄的濃稠滋味因為檸檬變得清爽。
放入平底鍋裡悶煎，就能煎出肉汁滿溢的排骨肉囉。

檸檬 BBQ 風味豬肋

○ 材料（2人份）

豬肋…4 ～ 6 根（500 公克）

A
中濃醬汁、番茄醬…各 3 大匙
鹽漬檸檬汁…1 小匙
薑末…1 塊量
蒜末…1 片量
鹽漬檸檬（圓片或梳子狀）…1 塊

油…少許

○ 作法

1 將食材 A 倒入夾鏈袋裡拌勻，再將豬肋放入袋中密封，連同夾鏈袋一同放至冷藏庫靜置一晚。

2 加熱平底鍋裡的油，將步驟 1 放入鍋中，等到豬肋表面煎至變色時，蓋上鍋蓋，轉成中小火悶煎 15 ～ 20 分鐘。

鹽漬檸檬與味噌出乎意料的搭配。
煎得軟嫩的雞肉將成為家人爭相指定的料理！

鹽漬檸檬
味噌煎雞肉

○ **材料**（2人份）

雞腿肉…1 塊

A 鹽漬檸檬汁…1 大匙
味噌、酒、蜂蜜…各 1 大匙

油…少許

高麗菜…適量

鹽漬檸檬末…少許

○ **作法**

1 將食材 A 倒入夾鏈袋裡拌勻，再將雞肉放入袋中密封，連同夾鏈袋一同放至冷藏庫靜置一晚。

2 將高麗菜撕成小片，撒上鹽漬檸檬末。

3 加熱平底鍋裡的油，將步驟 **1** 的醃汁稍微抹在雞肉表面，再讓雞肉以雞皮朝下的方式入鍋，並以中小火煎至兩面變色。切成適合入口的大小後，盛盤，再擺上步驟 **2** 的高麗菜。

日式調味也交給鹽漬檸檬負責吧！
這道菜除了配飯，也很下酒喔！

鹽漬檸檬
長蔥炒雞肉

○ **材料**（2人份）

雞胸肉…1 塊

長蔥…1 根

鹽漬檸檬汁…1 大匙

A 水…3 大匙
雞粉…1 小匙
鹽漬檸檬（梳子狀）…½ 塊

麻油…½ 大匙

七味辣椒粉…少許

○ **作法**

1 將雞肉切成一口大小，再與鹽漬檸檬汁拌勻。長蔥斜切成 5 公分長度，食材 A 的鹽漬檸檬則切成銀杏狀的薄片。

2 將麻油倒入平底鍋裡加熱，再放入雞肉炒熟。待雞肉變色時，放入長蔥稍微拌炒一下，再倒入食材 A 一同翻炒。盛盤後，撒上七味辣椒粉即可。

Salt Lemon + Fish

鹽漬檸檬＋魚

含有大量優質蛋白質且低熱量的海鮮類，
與鹽漬檸檬搭配，將是養生健康的佳餚。
即便您不太擅長料理海鮮，也希望您有機會試試這道食譜。

在大受歡迎的奶油醬油裡添加檸檬的清爽滋味。
這同時是一道小孩也愛吃的菜色喔！

鹽漬檸檬
奶油煎鮭魚

○ **材料**（2人份）

鮭魚…2 片

鹽漬檸檬汁…1 大匙

胡椒…少許

麵粉…½ 大匙

鹽漬檸檬奶油（→參考 P64）…適量

醬油…少許

油…1 又 ½ 大匙

○ **作法**

1 在鮭魚表面均勻抹上鹽漬檸檬汁，撒上胡椒
  之後再裹上麵粉。

2 加熱平底鍋裡的油之後，將步驟 **1** 的鮭魚放
  入鍋中，煎至兩面焦黃為止。將鹽漬檸檬奶油
  放在鮭魚上，再淋一圈醬油即可。

青背魚那股獨特的腥味可透過鹽漬檸檬緩和。
現烤番茄濃縮了甜味，將成為絕妙的醬汁。

番茄檸檬麵包粉烤沙丁魚

○ 材料（2人份）

沙丁魚（剖成3片）…3尾
番茄…½顆
洋蔥…¼顆
鹽漬檸檬汁…1大匙
胡椒…少許

A | 麵包粉…3大匙
巴西里（末狀）、起司粉
　…各1大匙
大蒜（末狀）…1片量
鹽漬檸檬末
　…½塊量

橄欖油…2大匙

○ 作法

1　將鹽漬檸檬汁均勻地抹在沙丁魚表面，再撒上胡椒。番茄切成一口大小，洋蔥切成碎末。將食材A事先調勻。

2　將少許橄欖油（非準備食材）塗在耐熱盤內壁，排入沙丁魚、洋蔥與番茄，淋上食材A，再淋一圈橄欖油，放入烤箱烤6～7分鐘（如果怕烤焦，可鋪上一層鋁箔紙）。

罐頭白醬也能因鹽漬檸檬變得又香又美味。
瞬間勾勒出蝦子的鮮甜，圓潤的滋味也因此而生。

焗烤鮮蝦通心粉

○ **材料**（2人份）

蝦子…6 隻

洋蔥…½ 顆

洋菇…½ 包

通心粉…50 公克

鹽漬檸檬（圖片）…2 片

A | 白醬（罐頭）…½ 罐
  | 牛奶…½ 杯

披薩用起司…2 大匙

橄欖油…少許

○ 作法

1　蝦子去殼後，從背部入刀取出腸泥。洋蔥切成 5mm 丁狀，洋菇切成薄片。通心粉依照包裝指示煮熟。

2　加熱平底鍋裡的橄欖油後，依序放入洋蔥、蝦子、洋菇拌炒。加入鹽漬檸檬與食材 A，讓食材稍微煮一下，再拌入通心粉。

3　將平底鍋裡的食材移入耐熱盤裡，撒上起司，放入烤箱烤 10 ～ 15 分鐘（怕烤焦的話可鋪一層鋁箔紙）。

透過蒸煮的方式讓海鮮的鮮美全濃縮在這一盤。
淡雅的檸檬風味醬汁也務必用麵包沾著吃喔！

鹽漬檸檬義式水煮魚

○ 材料 (2人份)

白肉魚（鯛魚或其他）…2 片

海瓜子（帶殼、已吐沙）…200 公克

小番茄…6 顆

洋蔥…⅓ 顆

大蒜（末狀）…1 片量

鹽漬檸檬（圖片）…2 片

白酒…½ 杯

橄欖油…1 又 ½ 大匙

○ 作法

1　將洋蔥切成 5mm 丁狀。

2　取一只平底鍋加熱橄欖油，放入步驟
　　1 的洋蔥與大蒜爆香，等到香氣飄至
　　鍋外，再放入白肉魚，煎至兩面變色。

3　放入海瓜子、小番茄、鹽漬檸檬，並
　　淋上白酒，接著蓋上鍋蓋以小火蒸煮
　　10 分鐘。盛盤後，再少量地淋一圈橄
　　欖油（非準備食材）。

充滿芹菜與檸檬香氣的一道前菜。
請以享受沙拉的心情開動吧！

鹽漬檸檬
醃章魚芹菜

○ **材 料**（2人份）

水煮章魚…150 公克

芹菜…1 根

| 橄欖油…1 大匙
A | 粗黑胡椒粒…少許
| 鹽漬檸檬（梳子狀）…½ ～ 1 塊

○ **作法**

1　將章魚放入熱水汆燙，待其變色後，立刻撈
　　起來切成一口大小。芹菜先剝去外層較硬的纖
　　維，再切成與章魚一樣的大小。

2　將食材 A 中的鹽漬檸檬切成銀杏狀的薄片，再
　　與食材 A 其他材料一同在盆子裡調勻，接著放
　　入步驟 1 的章魚攪拌後，放入冷藏庫靜置一會
　　兒，直到醃漬入味即可。

檸檬與微辣的中式風味也很對味。
淋上滋滋作響的熱麻油，將瞬間迸發出濃烈的香氣。

中式清爽
蒸白肉魚

○ **材 料**（2人份）

白肉魚（鯛魚或其他）…2 片

長蔥…½ 根

鹽漬檸檬汁…1 大匙

蔥綠（切段）…1 根量

生薑（薄片）…4 片

鹽漬檸檬（圓片）…1 片

酒…2 大匙

| 醬油…½ 大匙
A |
| 豆瓣醬…½ 小匙

麻油…2 大匙

○ **作法**

1　將鹽漬檸檬汁均勻抹在白肉魚表面。長蔥切成
　　絲狀後，在水中浸泡一會兒，撈出來瀝乾水分。

2　將蔥綠、白肉魚、生薑、鹽漬檸檬依序鋪在耐熱
　　容器裡，淋上料理酒，然後包上一層保鮮膜，記
　　得不要包得太緊繃，接著放入微波爐加熱 4 ～ 5
　　分鐘。

3　鋪上步驟 1 的長蔥，淋一圈食材 A，然後淋一
　　圈剛以小鍋加熱的麻油即可。

由海瓜子與培根熬成的高湯將讓高麗菜成為一道絕品。
檸檬恰到好處的酸味也為這道菜增添清爽風味

高麗菜培根
蒸煮海瓜子

○ **材料**（2人份）

海瓜子（帶殼、已吐沙）…200 公克

高麗菜…¼ 顆（250 公克）

培根…2 片

大蒜（末狀）…½ 片量

A | 白酒…3 大匙
　| 水…⅓ 杯

鹽漬檸檬末…1 塊量

鹽漬檸檬奶油（→參考 P64）…1 又 ½ 大匙

○ **作法**

1　將高麗菜切成碎塊，培根切成 2 ～ 3 公分寬的
　　片狀。

2　在平底鍋裡加熱鹽漬檸檬奶油與大蒜，等到香
　　氣飄出鍋外，放入培根、海瓜子、鹽漬檸檬拌
　　炒。

3　放入高麗菜，並在淋一圈食材 A 後蓋上鍋蓋，
　　持續蒸煮至海瓜子開口，高麗菜變軟為止。

罐頭嚐不到的手工自製風味！
剁成碎肉，就可當成三明治與沙拉的材料使用。

手工自製
檸檬風味鮪魚肉

○ **材料**（容易製作的分量）

鮪魚（瘦肉）…1 塊

鹽漬檸檬汁…1 大匙

鹽漬檸檬（圓片或梳子切）…2 塊

大蒜（已拍扁）…1 片

月桂葉…1 片

橄欖油…適量

○ **作法**

1　在鮪魚表面均勻抹上鹽漬檸檬汁。

2　將步驟 1 的鮪魚放入小鍋裡，再倒入高度淹至鮪
　　魚一半的橄欖油，然後加入鹽漬檸檬、大蒜、月
　　桂葉，以小火慢慢加熱。

3　加熱 2 分鐘，等到鮪魚一面變白，翻面，再繼續
　　加熱 1 ～ 2 分鐘。待整塊鮪魚變白後，關火，靜
　　置放涼即可。

檸檬的香氣與酸味讓這道菜變得高雅。
很適合搭配白酒享用的一道菜。

南蠻漬竹筴魚

○ **材料**（2人份）

竹筴魚（剖成3片）…2尾

A
| 洋蔥…¼ 顆
| 胡蘿蔔…¼ 根
| 鹽漬檸檬（圓片）…1 片
| 紅辣椒（切成小段）…1 根量

鹽漬檸檬汁…2 大匙

B
| 水…½ 杯
| 醬油、砂糖、醋…各2 大匙

麵粉、炸油…各適量

○ **作法**

1 在竹筴魚表面均勻抹上鹽漬檸檬汁。將食材A的洋蔥切成薄片，胡蘿蔔則切成細絲。

2 在小鍋裡調勻食材B後，持續加熱，一沸騰立刻將鍋子從火源移開，再倒入食材A。

3 將炸油加熱至中溫（約170℃），放入表面沾裹麵粉的竹筴魚，炸至酥香。起鍋後，趁竹筴魚溫度仍在，放入步驟2的醃汁裡，等待醃漬入味。

常見的鹽烤風味也能多點檸檬的清香。
除了能讓鰤魚的腥味消失，也將勾勒出魚肉的鮮美。

鹽漬檸檬烤鰤魚

○ **材料**（2人份）

鰤魚…2 片

鹽漬檸檬汁…2 大匙

蘿蔔泥…1 杯

○ **作法**

1 在鰤魚表面均勻抹上鹽漬檸檬汁。蘿蔔泥使用前需將水分稍微瀝乾。

2 將步驟1的鰤魚放在烤魚架烤至變色。盛盤後，在一旁擺上蘿蔔泥即可。

Salt Lemon + Vegetable

鹽漬檸檬＋蔬菜

鹽漬檸檬那圓潤酸味與淡雅鹹味

讓蔬菜的鮮甜瞬間被突顯，令人不禁想大快朵頤一番。

大量攝取，身體就能由內而外變得乾淨！

放入加了鹽漬檸檬的熱水汆燙，蔬菜依然能保持鮮豔！
不妨一次多做一點韓式拌菜，隨時作為常備菜使用。

韓式鹽漬檸檬
三色蔬菜拼盤

○ **材料**（2人份）

馬鈴薯…1 大顆

胡蘿蔔…1 根

小黃瓜…2 根

鹽漬檸檬（圓片或梳子狀）…1 塊

醋…少許

A
| 麻油、白芝麻…各 1 大匙
| 鹽漬檸檬汁…½ 大匙
| 雞粉、蒜泥
|　…各 ½ 小匙
| 胡椒…少許

B
| 麻油…1 大匙
| 鹽漬檸檬汁…½ 大匙
| 醋…1 小匙
| 砂糖、胡椒…各少許

C
| 白芝麻…1 大匙
| 鹽漬檸檬汁…½ 大匙
| 麻油 …½ 大匙
| 胡椒…少許

○ **作法**

1 將各色蔬菜切成細絲。煮一鍋熱水，放入鹽漬檸檬與醋，接著放入馬鈴薯汆燙 4 分鐘，放入胡蘿蔔汆燙 1～2 分鐘後，撈出鍋外瀝乾水分。

2 將食材 A 淋在馬鈴薯上，食材 B 淋在胡蘿蔔上，食材 C 淋在小黃瓜上即可。

材料只用了洋蔥與鹽漬檸檬，就讓馬鈴薯的甜味變得格外鮮明。是一道味道樸實的馬鈴薯沙拉。

成熟風味的馬鈴薯沙拉

○ 材料（2人份）

馬鈴薯…2 大顆

洋蔥…¼ 顆

鹽漬檸檬（梳子狀）

　　…½～1 塊

A

油…2 大匙

鹽漬檸檬汁

　…1 大匙

醋…1 大匙

砂糖…1 小匙

粗黑胡椒粒…少許

○ 作法

1　將洋蔥切成薄片後，與食材 A 一同拌勻。

2　將馬鈴薯洗乾淨（帶皮的狀態），並在表面還殘留水分的情況下，以保鮮膜分別包起來，放入微波爐 6～7 分鐘，加熱至竹籤能刺穿的程度為止。趁熱將馬鈴薯的外皮剝掉，壓成粗泥，接著放入切成銀杏狀薄片的鹽漬檸檬，然後拌入步驟 1。盛盤後，撒上些許黑胡椒即可。

鱈魚子與檸檬真是絕妙拍擋。
少了美乃滋，多了清爽滋味。

鹽漬檸檬魚卵沙拉

○ 材料（2人份）

馬鈴薯…2 大顆

鱈魚子…½ 條（40 公克）

A

油…½ 大匙

砂糖…1 小匙

鹽漬檸檬末

　…1～2 塊量

牛奶…5 大匙

○ 作法

1　去除鱈魚子的薄膜後與食材 A 拌在一起。

2　將馬鈴薯洗乾淨（帶皮的狀態），並在表面還殘留水分的情況下，以保鮮膜分別包起來，放入微波爐 6～7 分鐘，加熱至竹籤能刺穿的程度為止。趁熱將馬鈴薯的外皮剝掉，加入牛奶再壓成粗泥，等到餘熱散去，拌入步驟 1 即可。

擁有圓潤酸味又能取代沙拉的醋醃食品。
趁著醃汁還熱的時候放入蔬菜，味道將徹底滲入蔬菜裡。

鹽漬檸檬泡菜

○ 材料（方便製作的分量）

小黃瓜…2 根

芹菜…1 根

胡蘿蔔…1 根

A
水…2 杯
醋…1 杯
蜂蜜…3 大匙
鹽漬檸檬（圖片）…2 片
鹽漬檸檬汁…1 大匙
紅辣椒…1 根
月桂葉…1 片

○ 作法

1　將蔬菜分別切成方便入口的大小。

2　在小鍋子裡將食材 A 調勻，煮沸後
　　從火源移開，加入步驟 1，後靜置
　　3 小時～1 晚，等待完全醃漬入味。

香腸的美味與鹽漬檸檬的風味，
可讓胡蘿蔔的滋味變得更加不凡。

蒸煮
胡蘿蔔香腸

○ **材料**（2人份）

胡蘿蔔…1 根

洋蔥…¼ 顆

香腸…4 根

A
|白酒、水…各 3 大匙
|鹽漬檸檬汁…½ 大匙
|鹽漬檸檬（圓片）…1 片
|胡椒…少許

奶油…10 公克

○ 作法

1 將胡蘿蔔、洋蔥切成細絲，再在香腸表面斜劃出數道刀口。

2 將奶油放入平底鍋裡加熱，依序放入洋蔥、胡蘿蔔拌炒。

3 等到洋蔥與胡蘿蔔都炒軟，放入香腸稍微翻炒一下，再倒入食材 A，蓋上鍋蓋以小火悶煮 10 分鐘。

抹上鹽漬檸檬汁再烤，將使原有的甜味瞬間提升。
直接吃也行，搭配茅屋起司也非常美味。

鹽漬檸檬
烤地瓜

○ **材料**（2人份）

地瓜…1 根

A
|鹽漬檸檬汁…1 大匙
|油…1 大匙

鹽漬檸檬茅屋起司（→參考 P65）

…適量

○ 作法

1 將地瓜連皮滾刀切成一口大小後，放入水中浸泡一會兒，撈出來瀝乾水分後，再在表面均勻抹上鹽漬檸檬汁。

2 將地瓜放入烤箱烤 9 ～ 10 分鐘，直到表面完全變色為止，記得偶爾打開烤箱翻動地瓜（若是怕烤焦，可在外表包一層鋁箔紙）。盛盤後，在一旁添上茅屋起司即可。

在味道單調的沾麵露裡加入鹽漬檸檬。
享受蔬菜經過油炸的濃縮美味。

醋泡油炸
清爽夏季蔬菜

○ 材料（2人份）

茄子…2 根

南瓜…100 公克

青椒…2 顆

A | 水…3/4 杯
A | 沾麵露（3 倍濃縮）…½ 杯
A | 鹽漬檸檬（梳子狀）…1 塊

炸油…適量

○ 作法

1 茄子以滾刀切塊，青椒則切成 4 等分。南瓜切成 1
公分厚方便入口的片狀。食材 A 的鹽漬檸檬切成
銀杏狀的薄片，再與食材 A 的其他食材拌在一起。

2 將炸油加熱至中溫（約 170℃），將步驟 1 的蔬菜
放入油中炸至酥香，撈出來後，趁著溫度未散，
將蔬菜放入食材 A 裡吸收醬汁的味道。

味噌與豆漿對味是眾所周知的事！
再拌入檸檬，將為原本濃郁的風味增添清爽。

日式馬鈴薯焗烤

○ 材料（2人份）

馬鈴薯…1 顆

A | 豆漿…1 杯
A | 鹽漬檸檬汁…1 小匙
A | 味噌…1 小匙

披薩用起司…適量

醬油…少許

青蔥（蔥花）…少許

○ 作法

1 將馬鈴薯切成薄片。

2 將步驟 1 的馬鈴薯與食材 A 倒入鍋中以小火慢
慢加熱，直到馬鈴薯煮軟為止。

3 將馬鈴薯移到耐熱盤裡，並撒上起司、胡椒，
然後放入烤箱烤到金黃變色為止。最後撒上青
蔥即可。

檸檬拌青紫蘇佐麻油。
香氣撲鼻而來的醬菜
讓筷子一刻也停不下來。

香味涼拌醃蘿蔔

加入砂糖緩和鹹味。
生薑那清澈的香氣也十分明顯。
適合與肉類、魚類料理搭配的一道菜色。

鹽漬檸檬高麗菜

○ **材料**（方便製作的分量）

蘿蔔…⅓ 根

青紫蘇…5 片

鹽漬檸檬汁…1 大匙

A｜ 麻油…½ 大匙
｜ 鹽漬檸檬（梳子狀）…½ ～ 1 塊

○ **作法**

1 將蘿蔔切成短薄片，淋上鹽漬檸檬
 汁後搓醃，再靜置 5 分鐘，等待醃
 漬入味。青紫蘇切成細絲，食材 A
 的鹽漬檸檬則切成銀杏狀的薄片。

2 將步驟 1 的蘿蔔稍微擰去水分，再
 放入食材 A、青紫蘇拌勻即可。

○ **材料**（方便製作的分量）

高麗菜…½ 顆

鹽漬檸檬汁…2 大匙

A｜ 生薑的榨汁、砂糖
｜ …各 2 小匙
｜ 鹽漬檸檬末…½ ～ 1 塊量

○ **作法**

1 高麗菜切成絲，淋上鹽漬檸檬汁搓
 醃，靜置 5 分鐘，等待醃漬入味。

2 稍微擰去步驟 1 高麗菜的水分，再
 拌入食材 A。

藉著烘烤讓美味濃縮。
酸味明顯的橄欖油與
大蒜的香氣將交織出美妙的餘韻。

鹽漬檸檬
油漬甜椒

加入鹽漬檸檬末為香氣
與外觀畫龍點睛。
撒一點香草也很對味喔！

鹽漬檸檬
油漬櫛瓜

○ 材料（容易製作的分量）

櫛瓜⋯2 大根

A ┌ 鹽漬檸檬汁⋯1 大匙
　├ 鹽漬檸檬末⋯½ ～ 1 塊量
　└ 蒜泥⋯少許

橄欖油⋯2 大匙

○ 作法

1　將櫛瓜剖成兩半，再剖成長薄片。

2　將橄欖油倒入平底鍋裡加熱後，將
　　剖成長薄片的櫛瓜放入鍋中，煎至
　　兩面變色為止。關火後，與食材 A
　　一同拌勻，靜置等待醃漬入味。

○ 材料（方便製作的分量）

甜椒（不限顏色）⋯2 顆

A ┌ 橄欖油 ⋯ 3 大匙
　├ 鹽漬檸檬汁⋯1 大匙
　├ 醋⋯1 大匙
　└ 大蒜（薄片）⋯½ 片量

○ 作法

1　將甜椒剖成兩半，將裡頭的種籽清
　　除。在外皮塗上一層薄薄的橄欖油
　　（非準備食材），再放入烤魚架，
　　烤到外皮焦掉為止。

2　等待甜椒的餘熱散去後，剝去外皮
　　並放入調勻的食材 A 裡，等待醃漬
　　入味。

用鹽漬檸檬料理的美肌好菜

為了打造美肌，就不能缺乏優質蛋白質與
大量維他命這類抗氧化物質。
其香氣可讓身心獲得舒緩，壓力得到釋放，同時防止膚質劣化。

容易變得乾癟的雞胸肉也能因為鹽漬檸檬變得鮮嫩多汁。
搭配維也命滿分的蔬菜，就是一道健康的沙拉前菜。

鹽漬檸檬雞肉火腿沙拉

雞胸肉是
美肌食材的
代表選手！

● **材 料**（2人份）

雞胸肉（去皮）…1 塊

A｜鹽漬檸檬汁…2 大匙
｜砂糖…1 大匙

胡椒…少許

嫩葉生菜…適量

● **作法**

1 在雞肉表面均勻抹上食材
 A，再放至冷藏室靜置1晚
 ～1天。

2 煮一鍋熱水，放入步驟 1 的
 雞肉後，蓋上鍋蓋以小火慢
 煮 5 分鐘。關火後，靜置待
 涼。

3 將步驟 2 的雞肉切成薄
 片，再與嫩葉生菜一同盛
 盤。撒上胡椒，再將適量
 的鹽漬檸檬汁（非準備食
 材）淋在生菜上。

鮪魚的維他命 B6 可有效提升新陳代謝的速度。
檸檬的維他命 C 也能助一臂之力，讓皮膚變得更加白皙。

鹽漬檸檬涼拌
鮪魚酪梨

● **材料**（2人份）

生食等級鮪魚…1 塊（200 公克）

酪梨…1 顆

A
|沾麵露（3 倍濃縮）…1 大匙
|鹽漬檸檬汁…2 小匙
|鹽漬檸檬（梳子狀）…1 塊
|山葵…少許
|熟白芝麻…½ 大匙

● **作法**

1 將鮪魚、酪梨切成 2 公分丁狀。

2 將食材 A的鹽漬檸檬切成銀杏狀，再與食材 A的其他食材拌勻。最後將步驟 1放入調勻的食材 A裡拌勻即可。

一舉攝取能有效抗氧化的茄紅素與維他命 C，
讓肌膚持續凍齡。

糖漬小番茄

● **材料**（2人份）

小番茄（不限顏色）…1 袋

A
|鹽漬檸檬（圓片）…1 片
|水…1 又 ¼ 杯
|白酒…¼ 杯
|砂糖…3 大匙

● **作法**

1 將小番茄剖成兩半。

2 將食材 A 倒入小鍋裡煮沸後關火，等待餘熱散去再倒入步驟 1 的番茄，並放至冰箱冷藏。

酪梨的脂肪含有可抑制發炎的 Omega-3。
是一道希望大家在早晨都享用的養生湯。

酪梨小黃瓜冷湯

「口服的美白精華液」
讓酪梨融入沁涼的
湯品裡

● **材 料**（2人份）

酪梨…1 顆

小黃瓜…1 根

小番茄…3 顆

A 原味優酪乳（無糖）、冷水
　　…各 ½ 杯
鹽漬檸檬汁…1 大匙
胡椒…少許

鹽漬檸檬（梳子狀）…少許

橄欖油…少許

● 作法

1 將酪梨與小黃瓜切成一口大小，再與小
番茄 2 顆、食材 A 一同放入果汁機裡
打至綿滑的糊狀。

2 盛盤後，放上切成銀杏狀的鹽漬檸檬
薄片，再將剩下的一顆番茄對半剖開放
在湯面，最後淋上橄欖油收尾。

乳酸菌、維他命 C 與鈣質等美肌營養成分滿點的
一道菜。非常適合當成早餐食用。

水果
優酪沙拉

● 材料（2人份）

奇異果…1 顆

香蕉…1 根

A
原味優酪乳（無糖）…1 杯
蜂蜜…1 大匙
鹽漬檸檬（圓片或梳子狀）…1 塊

● 作法

1 將奇異果、香蕉切成一口大小。

2 將食材 A 的鹽漬檸檬切成粗末，再與食材 A
　的其他食材拌勻，最後拌入步驟 1 的水果即可。

橄欖油能幫助人體吸收 β 胡蘿蔔素。
一起大量補充抗氧化的維他命吧！

胡蘿蔔柳橙
鹽漬檸檬沙拉

● 材料（2人份）

胡蘿蔔…1 根

柳橙…½ 顆

A
橄欖油…1 大匙
鹽漬檸檬汁…2 小匙
粗黑胡椒粒…少許

● 作法

1 以刨絲器將胡蘿蔔刨成絲。柳橙則是將外皮以
　及表面的纖維剝掉，再切成一口大小。

2 將步驟 1 放入食材 A 裡拌勻。

南瓜與杏仁都擁有能有效抗氧化的維他命 E。
檸檬皮的多酚物質也具有抗氧化的功效。

南瓜杏仁沙拉

○ **材料**（2人份）

南瓜…⅛顆（250 公克）

杏仁（片狀）…2 大匙

A
　美乃滋…2 大匙
　煉乳…1 大匙
　鹽漬檸檬汁…1 小匙
　鹽漬檸檬末…1 塊量

○ **作法**

1　將南瓜的外皮隨意削去部分，再切
　　成一口大小。放入耐熱盤後，包覆
　　一層略留空間的保鮮膜，放入微波
　　爐加熱 5 分鐘，直到變軟為止。

2　將南瓜壓成粗泥後，以食材 A 調
　　味，最後拌入杏仁片即可。

預防肌膚問題的
β 胡蘿蔔素
也很多喔！

促進食慾的香料能讓代謝加速。
優質蛋白質與維他命 C 也能讓肌膚保持健康。

香辣烤雞翅

咖哩粉裡的
薑黃也具有
調理肌膚的功效喔！

● **材料**（2人份）

雞翅…8 隻

　橄欖油…4 大匙

　鹽漬檸檬汁…2 大匙

A 咖哩粉…2 小匙

　胡椒…少許

　蒜泥…1 片量

● **作法**

1 在雞翅表面均勻抹上食材 A 並加以搓揉入味後，放至冷藏室靜置 1～2 小時。

2 將步驟 **1** 的雞翅放至烤魚架烤 5 分鐘，再翻面繼續烤 5 分鐘即可。

解除
疲勞

用鹽漬檸檬料理的解除疲勞好菜

為了不讓疲勞留到隔天，
就不能少了幫助能量代謝的
維他命 B 群與蒜素。
搭配鹽漬檸檬的效果，讓身體隨時隨地充滿元氣！

讓有助消化的蛋白質迅速消除疲勞。
鹽漬檸檬的檸檬酸將成為有力的後盾。

鹽漬檸檬芡汁豆腐堡

肉餡與芡汁
都使用了
鹽漬檸檬喔！

● **材料**（2人份）

雞絞肉…250 公克
豆腐（木棉）…½ 塊

A
雞蛋…1 顆
蔥綠（細蔥花）
…5 公分量
太白粉…2 大匙
鹽漬檸檬汁…½ 大匙

B
水…½ 杯
砂糖…½ 大匙
鹽漬檸檬汁…1 小匙
醬油…1 小匙
雞粉…½ 小匙

太白粉…1 小匙
油…1 大匙
鹽漬檸檬（梳子狀）…1 塊
長蔥（蔥花）…少許

● **作法**

1 將絞肉、豆腐、食材 A 倒入
盆子裡攪拌均勻後，將肉餡
分成 6 等分，分別揉成扁平
的圓形。

2 取一只平底鍋熱油後，將步
驟 **1** 的肉餡煎至兩面金黃然
後盛盤。

3 將食材 B 倒入小鍋裡煮滾後
關火，再倒入以 1 大匙水調
勻的太白粉水勾芡。將切成
細末的鹽漬檸檬倒入鍋中並
加入長蔥，重新加熱一會兒
之後，即可淋在步驟 **2** 上。

平淡無奇的菜色也能因鹽漬檸檬而變得韻味十足。
花枝的牛磺酸有助於肝功能的提升，也能加速消除疲勞。

花枝里芋淡味煮

● **材 料**（2人份）

花枝…1 塊

里芋…4 顆

A
> 鹽漬檸檬（梳子切）
> …1 塊
> 高湯…2 杯
> 砂糖、味醂、醬油
> …各 1 大匙

● 作法

1 將里芋去皮，再撒上少許的鹽（非準備食材）搓醃，然後放入水中燙熟。花枝去除內臟與軟骨後，將身體部分切成 1 公分寬的圓圈，腳部則一根根切開。

2 將食材 A 放入鍋中煮滾後，再將步驟 1 的里芋放入鍋中，並以小火燉煮 10 分鐘，最後放入花枝快速煮一會兒即可。

地瓜與檸檬都富含維他命 C。
令人回憶起往日情懷的甜味可讓心神為之一緩。

鹽漬檸檬地瓜煮

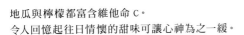

● **材 料**（2人份）

地瓜
> …1 根（250 公克）

A
> 鹽漬檸檬（圓片）
> …2 片
> 砂糖…2 大匙

● 作法

1 將地瓜連皮切成 1 公分厚的圓片之後，浸水泡一會兒再撈出來瀝乾水分。

2 將步驟 1 的地瓜與食材 A 倒入鍋裡，再倒入能淹過食材高度的水量（約 1 又 ½ ～ 2 杯水）加熱，等到煮滾後，轉成小火加熱 15 分鐘，直到竹籤可輕易刺穿地瓜為止。

洋蔥的蒜素具催化維他命 B1 的效果。
番茄與檸檬的檸檬酸也是超強幫手。

番茄洋蔥鹽漬檸檬沙拉

● **材 料**（2人份）

番茄…1 顆

洋蔥…1 顆

日本青尖椒…2 根

火腿…2 片

鹽漬檸檬汁…1 大匙

鹽漬檸檬（圓片或梳子狀）
…1 塊

● 作法

1 將洋蔥切成薄片，拌入鹽漬檸檬汁搓醃，接著靜置 5 分鐘等待入味。

2 將番茄剖成兩半，去籽後切成一口大小。青尖椒切成短段，火腿切成細絲。

3 將步驟 1 的洋蔥瀝乾水分，再與步驟 2、切成粗末的鹽漬檸檬拌在一起即可。

補充精力

用鹽漬檸檬料理的活力菜色

炎炎夏日容易令人陷入疲勞與食慾不振，此時就輪到鹽漬檸檬
上場救援了！即便是有助補充精力的肉類料理，也能用鹽漬檸
檬變得清爽可口喔！

即便是一整塊的肉，加入鹽漬檸檬一同燉煮，也能變得清爽。
請搭配蔬菜一同大快朵頤吧。

鹽漬檸檬蔬菜豬肉湯

這道菜是
食慾不振的
夏季必吃的料理喔！

● 材料（3～4人份）

豬梅花肉塊…400 公克
洋蔥…2 顆
芹菜…1 根
胡蘿蔔…1 根
高麗菜…⅓ 顆
鹽漬檸檬汁…2 大匙
鹽漬檸檬（梳子狀）…2 塊
月桂葉…1 片

● 作法

1 在豬肉表面搓醃鹽漬檸檬
   汁，再收入夾鏈袋裡放至冷
   藏室靜置一晚。

2 將洋蔥垂直切成兩半。將芹
   菜外層的粗纖維剝除並依照
   鍋子的直徑大小切成 4 段。
   將胡蘿蔔垂直剖成兩半，並
   將高麗菜連同菜心一起剖成
   兩半。將步驟 1 的豬肉瀝乾
   水分後，切成 4 等分。

3 將步驟 2 的豬肉、洋蔥、芹
   菜、鹽漬檸檬、月桂葉放入
   鍋裡，再倒入淹過食材高
   度的水量，加熱煮至沸騰。
   控制火候讓水面只冒出小泡
   泡的程度，持續燉煮 40 分
   鐘，過程裡記得撈除湯面的
   浮沫。最後加入胡蘿蔔與高
   麗菜再繼續燉煮 20 分鐘。

牛肉是優質蛋白質與鐵質的有效供給來源，能讓人瞬間恢復元氣。

鹽漬檸檬薯條牛排

● **材料**（2人份）

排餐用牛腿肉…2 塊

馬鈴薯…2 顆

　鹽漬檸檬汁…2 小匙

A　蒜泥…1 片量

　胡椒…少許

鹽漬檸檬奶油

　（→參考 P64）…適量

油…少許

炸油…適量

● **作法**

1　將食材 A 均勻抹在牛肉表面。將馬鈴薯切成 1 ～ 2 公分粗的條狀，然後放入水中浸泡 5 分鐘，撈出後瀝乾水分。

2　將炸油加熱至中溫（約 170℃）後，放入馬鈴薯炸至金黃變色。取一只平底鍋熱油，再依個人喜好煎熟牛肉。將牛肉盛盤後，在牛肉上方放置一些鹽漬檸檬奶油即可。

咖哩的香氣能提振食慾，咖哩也含有大量的維他命 C。

咖哩炒絞肉馬鈴薯

● **材料**（2人份）

綜合絞肉…150 公克

馬鈴薯…3 顆（300 公克）

洋蔥…¼ 顆

生薑（末狀）…1 塊量

　鹽漬檸檬汁…1 大匙

A　咖哩粉…2 小匙

　胡椒…少許

油…1 大匙

● **作法**

1　將馬鈴薯切成 3 公分塊狀，泡入水中一會兒再撈出瀝乾水分。洋蔥先切成碎丁。

2　取一只平底鍋熱油，放入生薑爆香，等到香氣飄出鍋外，倒入步驟 **1** 的食材拌炒。等到食材的表面均勻吃油時，倒入絞肉拌炒。待絞肉完全炒鬆，倒入食材 A 調味。最後倒入 ¼ ～ ½ 杯的水，蓋上鍋蓋悶煮 5 ～ 6 分鐘。

高麗菜有助找回健康的胃！

檸檬味噌炒豬肉高麗菜

● **材料**（2人份）

豬肉片…150 公克

高麗菜…4 ～ 5 葉

　砂糖、酒

　　…各 2 小匙

A　味噌…½ 大匙

　鹽漬檸檬汁…1 小匙

　醬油…1 小匙

油…1 大匙

● **作法**

1　將高麗菜切成一口大小。先將食材 A 調勻。

2　取一只平底鍋以大火熱油，再依序放入豬與高麗菜拌炒。待高麗菜炒軟後，倒入調勻的食材 A 調味。

解毒良菜

用鹽漬檸檬料理的解毒菜色

想讓身體擺脫屯積的老舊廢物的話……
此時就該大量攝取膳食纖維與鈣質。
蔬菜與檸檬不但美味，還有助於清除體內垃圾喔！

將富含膳食纖纖的食材們全放在一起。
將腸內的老舊廢物一次全趕出體外！

鹽漬檸檬淋醬海藻芋泥沙拉

海藻搭配芋泥
創造令人期待的
雙重效果

● 材料（2人份）
綜合海藻（乾燥）
　…3 大匙（6 公克）
萵苣…¼ 顆
小黃瓜…1 根
長芋…5 公分
鹽漬檸檬和風淋醬
　（→參考 P66）…2 大匙

● 作法
1 將綜合海藻浸水泡發。將萵
苣撕成容易入口的大小，並
將小黃瓜切成細絲，再將所
有食材盛盤。
2 將長芋磨成泥，並與鹽漬檸
檬和風淋醬拌勻，淋在步驟
1 上。

擁有綿滑口感且富含鈣質的小點心

檸檬風味的茄子糊

● **材料**（方便製作的分量）

茄子…3 根

羅勒…4 ～ 5 片

A |
橄欖油…3 大匙
鹽漬檸檬汁
…1 小匙
蒜泥…½ 量量
胡椒…少許

● **作法**

1 將茄子放在烤魚架或烤箱裡烤至外皮焦熟，再趁著餘熱未散將外皮剝下。接著連同食材 A 一同放入食物調理機裡打成糊狀。

2 將撕成小片的羅勒拌入茄子糊，試一下味道，如果味道不夠，可用少許鹽漬檸檬汁調味（非準備食材）。之後可視個人喜好抹在棍子麵包上吃。

不溶於水的膳食纖維可解決便秘。一次多做一點就能每天食用囉。

鹽漬檸檬油漬菌菇

● **材料**（方便製作的分量）

愛吃的菇類（鴻喜菇、
　杏鮑菇、金針菇等）
　…3 包（300 公克）

大蒜（拍扁）…1 片

鹽漬檸檬（梳子狀）
　…2 塊

鹽漬檸檬汁…2 小匙

胡椒…少許

橄欖油、白酒
　…各 2 大匙

● **作法**

1 將菌菇全部剝散成方便入口的大小。

2 將橄欖油、蒜頭、鹽漬檸檬倒入平底鍋裡加熱，等到香氣逸出鍋外，再拌入步驟 1 的食材炒熟。倒入白酒，以鹽漬檸檬汁與胡椒調味。

誕生自芝麻的濃厚滋味。富含膳食纖維與芝麻素的一道配菜！

鹽漬檸檬鷹嘴豆泥

● **材料**（方便製作的分量）

鷹嘴豆（水煮）
　…200 公克

鹽漬檸檬（梳子狀）
　…1 塊

鹽漬檸檬汁…2 小匙

橄欖油、白芝麻醬
　…各 1 大匙

大蒜（末狀）…1 小匙

粗黑胡椒粒…少許

● **作法**

1 除了黑胡椒之外，將所有食材倒入食物調理機裡打成糊狀。

2 盛盤後，撒上黑胡椒，再視個人喜好抹在棍子麵包上享用。

用鹽漬檸檬料理的抗老菜色

用富含抗氧化作用的 β 胡蘿蔔素、維他命 C、E 的食材
刷清身體的老化廢物。
每天吃，就能長保青春美麗。

豬肉的維他命 B12 可幫助神經系統正常運作。
生薑有利血液循環，能避免手腳冰冷造成的不適。

鹽漬檸檬薑汁豬肉

生薑搭配檸檬
可發揮
雙重抗氧化功效

● **材料**（2人份）

豬肉絲…300 公克
洋蔥 … ½ 顆
高麗菜…2 葉

A
水…3 大匙
沾麵露（3 倍濃縮）
…2 大匙
砂糖…2 小匙
鹽漬檸檬汁…1 小匙
鹽漬檸檬（梳子狀）…1 塊
薑泥…2 塊量

油…1 大匙

● **作法**

1 將洋蔥切成薄片，將高麗菜切成絲。

2 在盆子裡調勻食材 A，再倒入豬肉與洋蔥輕輕搓醃。

3 用平底鍋熱油後，倒入步驟 2 的食材，一面撥散肉絲一面炒熟。最後與高麗菜共同盛盤即可。

胡椒的香氣讓這道料理成為最佳下酒菜。
蛋白質與維他命 C 將使體內煥然一新。

鹽漬檸檬
炒雞胗青椒

● **材料**（2人份）

雞胗…150 公克

青椒…2 顆

A ┃ 鹽漬檸檬汁…1 大匙
　 ┃ 酒…1 大匙

油…1 又 ½ 大匙

粗黑胡椒粒…少許

● **作法**

1　將雞胗切成薄片，青椒橫切成細條。

2　用平底鍋熱油後，倒入步驟 **1** 的食材拌炒，再
　　用食材 A 調味。盛盤後，撒上黑胡椒即可。

維他命 A、C、E 等抗氧化維他命全員到齊。
可代替沙拉的蔬菜沾醬。

酪梨番茄沾醬

● **材料**（方便製作的分量）

酪梨…2 顆

番茄…1 顆

甜椒（黃）…¼ 顆

洋蔥…⅛ 顆

A ┃ 鹽漬檸檬汁…1 小匙
　 ┃ 醋…1 小匙
　 ┃ 蒜泥…½ 片量

● **作法**

1　將番茄剖成兩半去除種籽後，切成 1 公分丁
　　狀。甜椒與洋蔥都切成粗丁後，將洋蔥泡入水
　　裡一會兒再撈出來瀝乾水分。

2　將酪梨切成一口大小後，倒入盆子裡，再倒入
　　步驟 **1** 與食材 A，接著一邊碾扁一邊拌勻。最
　　後可視個人喜好以墨西哥玉米片沾著吃。

鮭魚的蝦紅素具有強烈的抗氧化效果。
洋蔥擁有讓血液變得清澈的效果，也能讓人長保年輕。

洋蔥與芹菜
都能讓血液
清澈不再混濁喔！

鹽漬檸檬煙燻鮭魚油漬

○ **材料**（2人份）

煙燻鮭魚…120 公克

洋蔥…½ 顆

芹菜…½ 根

　橄欖油…3 大匙

　醋…2 大匙

A　鹽漬檸檬汁…1 小匙

　砂糖…½ 小匙

　鹽漬檸檬（梳子狀）…½ 塊

粗黑胡椒粒…少許

○ **作法**

1　將洋蔥切成薄片，泡在水裡一會兒後，撈出來瀝乾水分。將芹菜表面較粗的纖維剝去後，斜刀切成薄片。鮭魚若太大塊，可切成方便食用的大小。

2　將食材 A 中的鹽漬檸檬切成細條。將其餘的食材 A 調勻後，倒入步驟 1 中攪拌均勻，靜置等待入味。盛盤後，撒一點黑胡椒即可。

擁有大量讓血管變得更堅韌的營養成分，
讓營養更順暢地流通全身！

清爽培根炒花椰菜

● **材料**（2人份）

花椰菜…½ 顆

培根（細絲）…2 片量

大蒜（末狀）…½ 片量

鹽漬檸檬（梳子狀）…½ 塊

A　水…2 大匙
　　鹽漬檸檬汁…½ 大匙

橄欖油…2 大匙

● **作法**

1　將花椰菜撕成小朵。

2　將橄欖油與大蒜倒入平底鍋裡爆香，待香氣逸
　　出鍋外，倒入培根繼續拌炒。

3　倒入花椰菜拌炒至均勻吃油後，倒入食材 A，
　　蓋上鍋蓋悶煮。加入切成銀杏狀薄片的鹽漬檸
　　檬，再簡單拌炒一下即可。

焦香的芝麻擁有豐富的芝麻素，有助於徹底對抗氧化。

涮豬肉佐
蔬菜檸檬芝麻醬

● **材料**（2人份）

涮涮鍋用五花肉…150 公克

小黃瓜…1 根

秋葵…10 根

A　白芝麻、熟白芝麻…共 2 大匙
　　油…2 大匙
　　砂糖…1 又 ½ 大匙
　　鹽漬檸檬汁…1 大匙
　　醬油…1 大匙

● **作法**

1　煮沸一鍋水，將秋葵放進去稍微汆燙一下，再
　　撈出來垂直剖兩半。將豬肉一片片放入同一鍋
　　熱水裡燙熟後，放至冷水裡降溫，撈出來之後
　　將水分徹底瀝乾。小黃瓜可用削皮器刨成薄緻
　　帶狀。

2　將步驟1的食材盛盤，再淋上調勻的食材A即可。

鹽漬檸檬搭配
白飯與麵食

毋需太多卻能左右味道的鹽漬檸檬，
是在百忙之中準備料理時的最佳幫手。
一盤就能讓胃袋滿足的白飯或麵食，與鹽漬檸檬也很對味喔！

拜檸檬之賜，讓魚露的鮮味被瞬間提出。
吻仔魚與生薑都能輕易地為這道料理增添易於入口的和風滋味。

亞洲風鹽漬檸檬炒麵

○ **材料**（2人份）

日式炒麵專用蒸麵…2 包

紅甜椒…2 顆

長蔥…1 根

吻仔魚…2 大匙

生薑（末狀）…½ 塊量

A｜鹽漬檸檬汁…½ 大匙
　｜魚露…½ 大匙

麻油…2 大匙

○ **作法**

1　將紅甜椒切成細長條，長蔥同甜椒的長度切成細條。

2　將吻仔魚與 1 大匙麻油倒入耐熱器皿裡，直接放入微波爐中（不需包覆保鮮膜）加熱 1 分 30 秒～2 分鐘左右，直到吻仔魚變得酥脆為止。

3　在平底鍋裡加熱剩下的麻油，再依序放入生薑、甜椒、長蔥拌炒。倒入麵條後，一邊撥散一邊炒熟麵條，並用食材 A 調味。倒入步驟 **2** 的食材後攪拌均勻即可。

連用來煮熟義大利麵的熱水也帶有檸檬清香。
縱使是味道濃厚的奶油義大利麵，也不怕吃膩喔！

鹽漬檸檬奶油義大利麵

○ **材料**（2人份）

義大利麵…200 公克

奶油…20 公克

鮮奶油…3/4 杯

鹽漬檸檬（圓片或梳子狀）…2 片

鹽漬檸檬汁…1 小匙

蛋黃…1 顆量

起司粉…3 ～ 4 大匙

粗黑胡椒粒…少許

○ **作法**

1　將義大利麵放入加有鹽漬檸檬（圓片或梳子狀）2 塊量（非準備食材）的熱水裡煮熟，時間請略短於包裝上的指示。

2　將奶油與鮮奶油倒入平底鍋裡以中大火加熱，接著倒入切成粗末的鹽漬檸檬與鹽漬檸檬汁，等到鍋裡食材稍微變得濃稠後，將鍋子移開火源。

3　將步驟 1 煮好的義大利麵倒入鍋裡拌勻後，拌入蛋黃與起司粉。若覺得味道不足可再淋點鹽漬檸檬汁（非準備食材）。盛盤時，可撒一點起司粉（非準備食材）與黑胡椒。

佐上檸檬風味的鮪魚美乃滋輕鬆享用吧！
一整盤的蔬菜非常適合當成忙碌時的午餐。

鮪魚美乃滋沙拉烏龍麵

○ **材料**（2人份）

烏龍麵（冷凍）…2 包

番茄…1 顆

小黃瓜…1 根

紅葉萵苣…3 片

鮪魚罐頭…1 小罐

A ｜ 鹽漬檸檬和風淋醬（參考→ P66）
　　…2 大匙

　　熟白芝麻、美乃滋…各 2 大匙

鹽漬檸檬（梳子狀）…½ 塊

○ **作法**

1　番茄以滾刀切塊，小黃瓜則在不規則地削去部份表皮後，同樣以滾刀切塊。將紅葉萵苣撕成小片。

2　將鮪魚肉的油稍微瀝掉後，與食材 A 攪拌均勻。

3　烏龍麵煮熟後，用水沖洗，再瀝乾水分，接著與步驟 **1** 的食材一同盛盤，再擺上步驟 **2** 的食材。最後撒上切成細末的鹽漬檸檬。

平凡無奇的炒飯也能因為鹽漬檸檬變得迷人。
最後撒上撕成小片的萵苣，炒飯將會更加美味喔！

鹽漬檸檬奶油炒飯

○ **材料**（2人份）

白飯…2 碗的量

洋蔥…¼ 顆

胡蘿蔔…½ 根

火腿…2 片

鹽漬檸檬奶油（參考→ P64）…25 公克

粗黑胡椒粒…少許

○ **作法**

1 將洋蔥、胡蘿蔔、火腿全部切成細丁。

2 用平底鍋加熱鹽漬檸檬奶油，再放入
步驟 **1** 的食材拌炒。待食材炒軟，倒入
白飯一同拌炒。盛盤時，撒上黑胡椒增
添香氣。

光是拌入鹽漬檸檬，一道芳香四溢的壽司飯就完成了。
點綴上些許蛋絲與海苔絲更彰顯豪華氣氛。

鹽漬檸檬雞柳拌飯

○ **材料**（2人份）

白飯…2 碗的量

雞柳…2 條

小黃瓜…1 根

青紫蘇…5 片

熟白芝麻…½ 大匙

A 　酒、水…各 2 大匙
　　生薑（薄片）…1 塊量
　　鹽漬檸檬（圖片）…2 片

B 　鹽漬檸檬汁…1 小匙
　　麻油…1 小匙

C 　鹽漬檸檬汁…½ 小匙
　　鹽漬檸檬末…1 塊量

○ **作法**

1 將雞柳排入耐熱盤裡，均勻沾裹食
材 A，罩上保鮮膜後放入微波爐加
熱 4～5 分鐘。靜置降溫後，再將
雞柳撕成細條。小黃瓜切成薄片，
均勻沾裹食材 B 並靜置一會兒。等
到出水後，稍微將水分瀝乾。青紫
蘇則切成細絲。

2 將食材 C 拌入白飯裡，再拌入步驟
1 與白芝麻。

用鹽漬檸檬
做甜點

甜而微酸的成熟滋味，
也很適合愛吃辣的人試試。
可用來取代飯後甜點或早餐喔！

只需要拌入市售的冰淇淋就大功告成了。
甜中帶酸又不失清爽的冰淇淋藏著令人大吃一驚的美味。

鹽漬檸檬冰淇淋

○材料（2人份）
香草冰淇淋（市售）…1 杯
鹽漬檸檬末…1 塊量

○作法
將冰淇淋放在室溫底下直到變軟時，拌入鹽漬檸檬末，再放回冷凍庫重新冷凍到凝固即可。

帶有隱約鹹味的鬆餅即便直接淋上糖漿，
也不會過於死甜，非常適合當成早餐享用。

鹽漬檸檬鬆餅

○ **材料**（約6片量）

低筋麵粉…180 公克

泡打粉…1 大匙

雞蛋…1 顆

砂糖…3 大匙

牛奶…1 又 ½ 杯

鹽漬檸檬汁…1 大匙

油…2 大匙

○ **作法**

1 將低筋麵粉、泡打粉拌勻後，過篩去除雜質以避免結塊。

2 將雞蛋、砂糖放入盆子後，以攪拌器攪拌均勻，再倒入
  牛奶、鹽漬檸檬汁、步驟 1 的食材繼續攪拌。最後再均
  勻拌入油。

3 在平底鍋裡倒一點點油（非準備食材）加熱後，以大湯
  杓挖一杓步驟 2 的麵糊倒入鍋裡，以中小火煎至麵糊兩
  面變得金黃為止。剩下的麵糊也以相同步驟煎成鬆餅。
  最後可視個人喜好加上鮮奶油、楓糖漿或薄荷葉。

氣味焦香、滋味樸實的全麥粉蘇打餅乾。
微微的鹽味剛好滿足鬧飢荒的肚皮。

鹽漬檸檬蘇打餅乾

○ 材料（6×7 公分的餅乾 15 片）

低筋麵粉…200 公克

全麥麵粉…60 公克

泡打粉…1 小匙

砂糖…50 公克

A　蜂蜜、太白芝麻油…各 70 公克
　　鹽漬檸檬汁…2 小匙

○ 作法

1　將低筋麵粉、泡打粉與砂糖拌勻過篩後倒入盆子裡，接著再倒入全麥麵粉。

2　倒入食材 A，用橡膠製抹刀攪拌至看不見麵粉顆粒為止。過程中若水分不足，可視情況加入 1～2 大匙水。最後將麵糊整理成一團。

3　將烤盤紙攤平，再將步驟 2 的麵糊從盆子取出，然後用擀麵棍將麵糊攤在烤盤紙上，此時應將麵糊攤成厚度 3mm，30×21 公分的大小。接著用菜刀在長邊劃 5 等分、短邊劃 3 等分的切痕，再用叉子在切好的麵糊表面戳洞。

4　將步驟 3 的食材放至烤盤裡，再放入預熱至 180℃的烤箱烤 20 分鐘，之後將烤箱溫度調降至 140℃再烤 20 分鐘。從烤箱取出餅乾後，等到完全冷卻再沿著先前劃出的切痕將餅乾切成小塊。

甜蜜的起司蛋糕也可以成為嗜辣者的最愛。
撒在上面的鹽漬檸檬將成為畫龍點睛的重點所在。

鹽漬檸檬起司蛋糕

○ 材料（直徑15公分圓型蛋糕1個）

奶油起司⋯1 盒（200 公克）

砂糖⋯80 公克

A
原味優酪乳（無糖）⋯200 公克
鮮奶油、牛奶⋯各 ½ 杯
鹽漬檸檬汁⋯2 小匙

全麥餅乾⋯100 公克

奶油（無鹽）⋯40 公克

吉利丁粉⋯10 公克

鹽漬檸檬末⋯適量

○ 作法

1　將奶油倒入耐熱容器裡，放入微波爐加熱 1 ～ 1 分 30 秒直到融化為止。將融化的奶油倒入盆子後，倒入剝成小塊的餅乾，再用湯匙一邊將餅乾壓碎，一邊將餅乾與奶油攪拌均勻，然後將材料倒滿模型的底部，再放進冷藏庫冷卻。

2　將奶油起司放在室溫底下，直到變得柔軟為止。在耐熱容器裡倒入 4 大匙的水，再撒入吉利丁粉，等待吉利丁粉吸水膨脹。

3　將奶油起司、砂糖倒入盆子裡，用攪拌器攪拌均勻。依序倒入食材 A 的每項食材，並在倒入每項食材時分別拌勻。

4　將膨脹的吉利丁放入微波爐裡加熱 30 秒直到完全融化，再均勻拌入步驟 3。接著將食材倒入步驟 1 的模型裡，然後放至冷藏室冷卻 3 小時以上，等待蛋糕成型。將蛋糕從模型中脫落後，在上層撒一些鹽漬檸檬末即可。

進一步活用！
鹽漬檸檬的美味創意

Salt Lemon Butter

所有的步驟只需要拌入軟化的奶油。
非常適合應用在熱炒的菜色，也很適合用來點綴料理。

鹽漬檸檬奶油

○ 材 料（方便製作的分量）

奶油（無鹽）…200 公克

A 鹽漬檸檬末…1 ～ 2 塊量
巴西里（末狀）…1 大匙

○ 作 法

1 將奶油放在室溫下等待奶油軟化，
之後再均勻拌入食材 A。

2 將保鮮膜攤平，將步驟 1 的食材鋪
在上面，然後捲成長條狀這種容易
使用的形狀，放回冷藏室冷卻即可。

■ 適合這類料理使用…

可直接抹在麵包或餅乾吃，也能與義大利麵拌在一起，或運用在鹽漬檸檬奶油煎鮭魚（→ P22）、高
麗菜培根蒸煮海瓜子（→ P28）、鹽漬檸檬薯條牛排（→ P47）與鹽漬檸檬奶油炒飯上。

光是放在現煎的肉片或現切的蔬菜上，
簡單的食材也能變得美味養生。
一次多做一點，就能運用在各種簡單的食譜裡。

Salt Lemon Cottage Cheese

滿溢著圓潤香氣的自製起司。
時間越久，鹽味越均勻，可視個人喜好增減鹽漬檸檬的使用量。

鹽漬檸檬茅屋起司

○ **材 料**（方便製作的分量）

牛奶…2 又 ½ 杯

A | 醋…2 大匙
　 | 鹽漬檸檬汁…1 大匙

鹽漬檸檬末…½ ～ 1 塊量

○ **作法**

1 將牛奶倒入鍋裡加熱至 60℃後，將鍋子自火源移開再倒入食材 A 輕輕攪拌。

2 等到食材分離後，用鋪了餐巾紙的篩網過濾食材。最後拌入鹽漬檸檬末即可。

🌑 適合這類料理使用…

可抹在當成下酒菜的餅乾表面，或是當成沙拉的醬料使用。當成鹽漬檸檬烤地瓜（→ P34）這類烤蔬菜的沾醬也很不錯喔。

Carpaccio Dressing

蘊涵豐富起司風味的淋醬非常適合搭配海鮮或蔬菜。
記得仔細攪拌讓橄欖油產生乳化效果。

檸檬海鮮淋醬

○ **材 料**（方便製作的分量）

橄欖油…2 大匙

鹽漬檸檬末
　　…½ ～ 1 塊量

鹽漬檸檬汁…½ 大匙

醋…1 大匙

起司粉…2 小匙

砂糖…1 小匙

粗黑胡椒粒…少許

○ **作法**

將所有的食材徹底拌勻。

🥄 適合這類料理使用…

可用於義式生魚片、生鮮蔬菜、水煮蔬菜的沙拉。淋在冷豆腐上也不錯喔！

加入檸檬的香氣又是另一種新鮮的味道。
視個人喜好加入香草末也非常美味。

鹽漬檸檬塔塔醬

○ **材 料**（方便製作的分量）

水煮蛋…2 顆

顆粒黃芥末醬…1 小匙

美乃滋…1 大匙

鹽漬檸檬末
　　…½ ～ 1 塊量

鹽漬檸檬汁…½ 小匙

○ **作法**

1　將水煮蛋切成細丁。
2　將步驟 **1** 與其他食材拌勻。

🥄 適合這類料理使用…

可當成油煎或油炸類海鮮料理的醬料使用。直接夾在三明治裡當配料吃也很棒。

Tartar Sauce

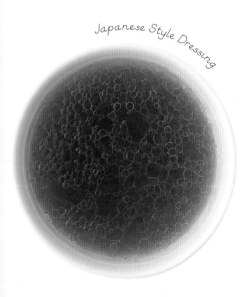

Japanese Style Dressing

由於材料是沾麵露，所以想到就能順手完成！
是一種風味簡單、用途多變的萬能淋醬喔！

鹽漬檸檬日式淋醬

○ **材 料**（方便製作的分量）

油…2 大匙

鹽漬檸檬汁…1 大匙

沾麵露（3 倍濃縮）
　　…1 大匙

醋…½ 大匙

○ **作法**

將所有食材徹底拌勻即可。

🥄 適合這類料理使用…

沙拉、冷豆腐、涼拌菜都適合使用，例如鹽漬檸檬淋醬海藻芋泥沙拉（→P48）與鮪魚美乃滋沙拉烏龍麵（→ P57）都是不錯的選擇。

Italian Sauce

拌入鮮嫩多汁的番茄，製作成料多味美的醬汁。
羅勒與檸檬的香氣十分清爽喔！

義式檸檬醬

○ **材料**（方便製作的分量）

番茄…½ 顆

羅勒…1 片

鹽漬檸檬末
　　…½ 塊量

橄欖油…3 大匙

鹽漬檸檬汁…½ 大匙

醋…½ 大匙

○ **作法**

1 將番茄對半剖開去籽，再切成 1 公分的丁狀。羅勒則切成粗末。

2 將步驟 1 與其他食材仔細拌勻即可。

▢ 適合這類料理使用…

海鮮沙拉、檸檬起司炸豬排（→ P19）這類的油炸料理都很適合使用這道醬汁。也可以直接鋪在麵包表面享用。

濃厚的奶油醬汁也能因為檸檬的香氣變得清爽。
光是擺在切好的蔬菜旁邊，就是一道華麗的佳餚了。

檸檬香蒜鯷魚熱沾醬

○ **材料**（方便製作的分量）

大蒜…2 片

鯷魚…4 片

鮮奶油…1 杯

A ┌ 鹽漬檸檬粗末
　│ 　…½ ～ 1 塊量
　│ 鹽漬檸檬汁…½ 大匙
　└ 胡椒…少許

橄欖油…2 大匙

○ **作法**

1 將大蒜與鯷魚切成末。

2 取一只小鍋並倒入橄欖油與步驟 1 的食材以小火加熱，待香氣逸出鍋外後倒入鮮奶油。加熱至醬汁變得黏稠再倒入食材 A 拌勻。

▢ 適合這類料理使用…

除了可用蔬菜棒沾著吃，也很適合與葉菜類沙拉或水煮過的馬鈴薯搭配。

Bagna Cauda Sauce

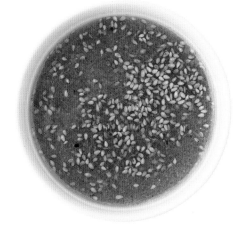

Chinese Dressing

嚐得到麻油與熟芝麻兩種焦香。
用生芝麻代替熟芝麻也 OK 喔。

鹽漬檸檬中式淋醬

○ **材料**（方便製作的分量）

醋、砂糖…各 2 大匙

鹽漬檸檬汁…1 大匙

醬油、麻油、熟白芝麻
　　…各 1 大匙

○ **作法**

將所有材料仔細拌勻。

▢ 適合這類料理使用…

蔬菜、海鮮沙拉、義式生魚片、冷豆腐、烤魚都很合適。

檸檬的小知識

擁有耀眼的黃色與清澈酸味的檸檬是最接近日常生活的水果之一。接著就為大家介紹檸檬的相關知識！

不只可應用於料理

各種有關檸檬的實用祕技

檸檬除了食用外，用途還十分廣泛，例如利用檸檬皮刷洗水槽，黏附在水槽內壁的水垢就會因為檸檬酸而被刷得亮晶晶。倘若在泡澡時放入浴缸裡，其清爽的香氣還能促進身心放鬆。打嗝時，不妨吃顆檸檬試試看，效果出奇的不錯喔！

也在日本文學裡登場

10 月 5 日是檸檬之日

每年的 10 月 5 日為檸檬之日。1938 年的這天為詩人高村光太郎的妻子——智惠子的忌日。詩人高村光太郎為妻子的過逝寫了一部讚嘆的《智惠子抄》，爾後又因其中一篇的〈檸檬哀歌〉而將 10 月 5 日定為檸檬之日。提到日本文學裡的檸檬，就不能不提到另一篇以檸檬為題的《檸檬》。這部作品的作者為梶井基次郎，因為被檸檬的形狀與顏色所吸引而完成的這部作品也是他的代表作，想必今後也將繼續流芳百世。

全世界的檸檬飲食文化

檸檬是全世界都愛用的食材，摩洛哥習慣將鹽漬檸檬當成料理的重點調味料使用，將雞肉與鹽漬檸檬一同放入塔吉鍋蒸煮的料理在日本也非常受到歡迎。法國則將鹽漬檸檬稱為「Citron confit」，於各式各樣的料理裡使用。在義大利，檸檬可是最接近生活的水果了，

檸檬冰沙「limon granita」是夏季不可或缺的冰品喔！將檸檬皮放入蒸餾醃漬的「檸檬酒（Limoncello）」，口感類似日本梅酒，是每個家庭都能自製的一種飲料酒。

檸檬來自何處？

檸檬的原產地為何處目前尚無定論，一說認為是印度，另一說則認為是西元前 2500 年產自中國南部，但最為有力的說法應該是印度河流域文明發源地。之後經由中東各國傳至地中海與歐洲各國。古代將檸檬當成觀賞用植物栽植，但在了解檸檬的功效後，就用來防止口臭或是當成食物中毒的解毒劑使用。隨著栽種愈發興盛，以其香氣與酸味作為賣點的料理也一一問世。

全世界進口日本檸檬最大宗的國家為美國，最

初也是由哥倫布將檸檬引進美洲大陸。在大航海時代裡，檸檬可預防與治療因維他命 C 不足而引起的壞血症，所以被當時的人們視為寶物，當時為了守護船員們的健康，似乎規定船上必須承載大量檸檬。而在大航海時代之後，檸檬開始在氣候合宜的加州廣為栽培。

漂洋過海的檸檬

據說檸檬傳入日本是在明治初期左右，直到 1873 年，靜岡才開始栽種檸檬。日本目前以廣島、愛媛、和歌山等地為檸檬的主要產地。曾有一說是，廣島縣於 1898 年從和歌山縣購入臍橙的幼苗時，其中不小心混了 3 根檸檬的幼苗，結果就誤打誤撞地開始種植檸檬。瀨戶內地區的氣候非常適合檸檬的種植，栽植的面積也因此迅速擴增。

▲ 日本國產檸檬約有半數來自瀨戶內地區氣候溫暖的廣島縣

廣島縣的檸檬生產

目前全日本檸檬產量第一的地區就是廣島縣。高溫少雨的
氣候非常適合檸檬的栽培，所以自古以來，大長、瀨戶
田地區就是檸檬栽種的主要地區，甚至 1963 年曾創下產
量超過 600 噸，占全日本總產量 50% 以上的紀錄。可惜
隔年隨著檸檬開放進口的政策，日本的檸檬栽種業也受
到重大的打擊，一時之間農民不願再生產檸檬，也因為
寒流的影響導致檸檬產量大減。不過，隨著檸檬進口量
的增加，進口檸檬的防黴劑問題也開始受到重視，所以
消費者轉而希望購得未噴灑防黴劑的日本國產檸檬，而
國產檸檬也隨著這波浪潮起死回生。目前以吳市、尾道
市這類島嶼地區為檸檬主要產地，每年約有 3300 噸的產
量（約全日本 50% 的產量）。

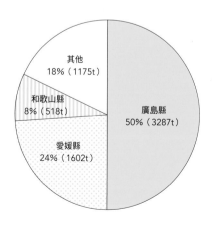

2011 年產量　特產果樹生產動態等調查‧果
樹品種別生產動向調查／農林水產省提供

日本國產檸檬的季節在何時？

熟悉的黃色檸檬的主要產季為 12 月～隔年 5 月，而 10 ～ 11 月則是採收尚未熟透的綠檬檬（現採檸檬）問市。7 ～ 9 月的夏季則是以溫室栽培的綠檬檬為主。隨著儲存與包裝技術的進步，連歉收期的 6 ～ 8 月亦能推出個別包裝的檸檬搶市。鮮嫩多汁、香氣濃郁的廣島檸檬也因此一年四季都可購得。

國產檸檬的出貨時期

	1 月	2 月	3 月	4 月	5 月	6 月	7 月	8 月	9 月	10 月	11 月	12 月
露地栽培	○	○	○	○	○					○	○	○
溫室栽培							●	●	●			
個別包裝（儲存）						○	○	○				

○ 黃檸檬
● 綠檸檬

▲ 香氣更為清爽的綠檸檬

▲ 熟悉且多汁的黃檸檬

日本國產檸檬的品種

日本的檸檬主要有 2 個品種，其中占半數以上的「里斯本檸檬」擁有多汁、酸味明顯的特徵。另一種「比亞弗蘭卡」又被稱為無刺檸檬，是比較容易培育的品種。

▲ 令人憐愛的檸檬花通常會在 5 月中旬開花

國家圖書館出版品預行編目 (CIP) 資料

免疫力 UP! 鹽漬檸檬萬能調味料活用食譜強勢回歸：加速新陳代
謝 X 抑制血糖上升 X 排毒美肌等 15 大功效 80 道好菜打造不易生
病的體質 / 坂口 MOTOKO 著；許郁文譯 . -- 二版 . -- 新北市：遠足
文化 , 2020.08
　　面；　公分
譯自：塩レモンのチカラ：きれいと健康をつくる！
ISBN 978-986-508-069-3(平裝)

1. 食譜　2. 食物鹽漬

427.75   109010319

免疫力 UP！鹽漬檸檬萬能調味料活用食譜強勢回歸

加速新陳代謝╳抑制血糖上升╳排毒美肌等 15 大功效 80 道好菜打造不易生病的體質

塩レモンのチカラ：きれいと健康をつくる！

作　　　者 —— 坂口 MOTOKO

譯　　　者 —— 許郁文

責　　　編 —— 王育涵

總 編 輯 —— 李進文

執 行 長 —— 陳蕙慧

行銷企劃 —— 陳雅雯、尹子麟、余一霞

封面設計 —— 謝捲子

內文排版 —— 簡單瑛設

出 版 者 —— 遠足文化事業股份有限公司 (讀書共和國出版集團)

地　　　址 —— 231 新北市新店區民權路 108-2 號 9 樓

電　　　話 —— (02)2218-1417

傳　　　真 —— (02)2218-1142

電　　　郵 —— service@bookrep.com.tw

郵撥帳號 —— 19504465

客服專線 —— 0800-221-029

網　　　址 —— http://www.bookrep.com.tw

Facebook —— https://www.facebook.com/saikounippon/

法律顧問 —— 華洋法律事務所　蘇文生律師

印　　　製 —— 呈靖彩藝有限公司

二版一刷 2020 年 8 月
二版二刷 2023 年 11 月
Printed in Taiwan